Licht!

Lampen von der Antike bis zur Neuzeit

Begleitheft zur Ausstellung

Texte von Sally Apeikis, Daniel Langhauser, Nadja Melko, Katharina Sahm, Laura Stein, Reinhard Stupperich, Ute Uebel, Olaf Wagener und Seda Yenentürk

Zusammengestellt von Reinhard Stupperich

Heidelberg 2009

Beiträge von

Sally Apeikis
Daniel Langhauser
Nadja Melko
Katharina Sahm
Laura Stein
Reinhard Stupperich
Ute Uebel
Olaf Wagener
Seda Yenentürk

Zusammengestellt von
Reinhard Stupperich

Herausgegeben von
Matthias Untermann

UNIVERSITÄTS-
BIBLIOTHEK
HEIDELBERG

Bibliografische Information der Deutschen Bibliothek.
Die Deutsche Bibliothek verzeichnet diese Publikation in der Deutschen Nationalbibliografie.
Detaillierte bibliografische Daten sind im Internet abrufbar über http://dnb.ddb.de.

Unveränderter Nachdruck der Erstausgabe von 2009.

Die Online-Version dieser Publikation ist auf heiBOOKS, der E-Book-Plattform der Universitätsbibliothek Heidelberg, dauerhaft frei verfügbar (Open Access).
doi: 10.11588/heibooks.67.58

Universitätsmuseum Heidelberg
Alte Universität · Grabengasse 1 · D-69117 Heidelberg
museum@rektorat.uni-heidelberg.de

Umschlagbild: Detail aus Dornenkrönung Christi, Breu Jörg der Ältere. Foto: Institut für Realienkunde.

ISSN 1614-8797 (Print)
ISSN 2509-2618 (eISSN)
ISBN 978-3-946531-24-1 (Softcover)
ISBN 978-3-946531-08-1 (PDF)

Inhaltsverzeichnis

Einleitung

Eine ungewöhnlich große Zahl von römischen Lampen ist in einem der größten bisher in Süddeutschland ergrabenen römischen Friedhöfe in Heidelberg zutage getreten und wird gerade von Andreas Hensen publiziert. Wie er feststellte, hat den Ausdruck „Lychnologie" für die Lampenforschung vor fast zwei Jahrhunderten der Heidelberger Professor für Klassische Philologie und Archäologe Friedrich Creuzer geprägt. So ist es durchaus passend, dass die Internationale Lychnologie-Gesellschaft (ILA) ihren dritten internationalen Kongress im September 2009 in Heidelberg, der Geburtsstadt der Lychnologie, veranstaltet. Aus diesem Anlass haben wir in interdisziplinärer Zusammenarbeit von klassischer, provinzialrömischer und mittelalterlicher Archäologie in einem Seminar im Wintersemester 2008/09 diese kleine Ausstellung vorbereitet.

Die Ausstellung sollte sich vor allem auf Beispiele aus dem deutschen Südwesten konzentrieren, was aber – zumal bei den Abbildungen – nicht in allen Fällen durchzuhalten war. Zudem ist bei manchen Exponaten auch die Herkunft oder der Fundort nicht mehr so ganz sicher festzustellen, teils weil sie über den Kunsthandel erworben worden sind, vor allem aber, weil es sich wie bei den Altbeständen aus dem kurfürstlichen Antiquarium in Mannheim in den Reiss-Engelhorn-Museen um alte Museumsobjekte handelte, deren exakte Erwerbung nicht mehr zu sichern ist. In manchen Fällen wäre es aber zu aufwendig gewesen, sich nur auf Beispiele mit ganz gesicherter Herkunft zu verlassen.

Bei der Suche nach einem Titel kam man im Seminar auf die Aufforderung "Licht!", die Gruppe plädierte dafür, den Titel auch beizubehalten, als klar wurde, dass er wie eine Übersetzung des Ausstellungstitels in Nyon vor einigen Jahren wirkt, bei der damaligen ersten Sitzung der ILA. Denn die meisten Ideen für einen Titel wie "Licht-Blicke" oder "Mehr Licht!" oder "Ex oriente lux" sind schon entsprechend für andere Ausstellungen oder andere Produkte verwendet worden.

Die Ausstellung ist nicht einfach in chronologischer Folge aufgebaut, sondern betrachtet künstliche Beleuchtung unter verschiedenen Aspekten. Es geht um die unterschiedlichen Brennstoffe, die im Laufe der Geschichte im Wechsel und nebeneinander verwendet werden, und um die Methoden, wie man das Feuer überhaupt zum Brennen bekommt. Das Herstellungsverfahren wird am Beispiel römischer Tonlampen vor Augen geführt und dabei demonstriert, dass viele Detailfragen auch bei diesem an sich doch vielfältig und gut bekannten Objekt in Wirklichkeit noch gar nicht geklärt sind. Bei aller Formenvielfalt dieser Lampen treten wenige Grundtypen immer wieder auf. Die allergrößte Zahl der Lampen, die man gefunden hat, war für relativ arme Leute gedacht. Aber Lampen wurden auch von den Reichen und Mächtigen zur Repräsentation verwendet und waren bei öffentlichen Veranstaltungen zu sehen, so dass sie ihrem Besitzer das Gefühl von Luxus und Bedeutung geben oder seine Besucher beeindrucken konnten. Besonders im Kult waren Lampen nötig, die eventuell auch große Helligkeit hervorrufen sollen. Dafür gab es oft größere oder auch kostbarere und künstlerisch aufwendigere

Beleuchtungsgeräte. Dementsprechend haben sich nur wenige Exemplare davon erhalten, dafür sind sie aber des öfteren in Bildern dokumentiert. Gelegentlich führen sogar Erwähnungen in alten Dichtungen und literarischen Werken die Verwendungsweise der Lampen vor Augen.

Mit der Zeit des Humanismus führte die Rückbesinnung auf die technischen Erfindungen der Antike auch zum Nachbau von Vorrichtungen, die den Betrieb der Öllampen erleichterten. Von diesen Anregungen aus ging die technologische Entwicklung dann immer weiter, bis im späteren 19. Jh. mit der Erfindung der Glühbirne die Elektrizität als neue Energiequelle der Beleuchtung eine ganz neue Dimension gab. Zu den Neuerungen im Zeitalter der Aufklärung trugen auch die Mannheimer Experimente von Benjamin Thompson, dem amerikanischen Armeereformer des Kurfürsten Carl Theodor, bei. Die große Anzahl antiker Lampen aus dem kurfürstlichen Antiquarium im Mannheimer Residenzschloß zeigt aber, daß man sich zur Zeit Carl Theodors auch bereits mit der wissenschaftlichen Erforschung historischer Lampen zu beschäftigen begann.

Zahlreiche Leihgeber haben dankenswerterweise diese Ausstellung ermöglicht:

Museum der Stadt Eberbach
Archäologisches Museum der Stadt Frankfurt
Deutsches Apotheken-Museum in Heidelberg
Kurpfälzisches Museum der Stadt Heidelberg
Archäologische Sammlung der Universität Heidelberg
Badisches Landesmuseum Karlsruhe
Museum im Stadtpalais in Kirchheimbolanden
Kölnisches Stadtmuseum
Archäologischen Landesmuseums Baden-Württemberg, Außenstelle Konstanz und Zentrales Fundarchiv Rastatt
Lobdengaumuseum in Ladenburg
Reiss-Engelhorn-Museen der Stadt Mannheim
Centre de Recherches Archéologiques Médiévales de Saverne
Historisches Museum der Pfalz in Speyer
Generaldirektion Kulturelles Erbe, Direktion Archäologie, Speyer
Württembergisches Landesmuseum Stuttgart
Lichtermuseum Walldürn-Wettersdorf
sowie private Leihgeber

Für Rat und Hilfe danken wir Dorothea Berberich, Prof. Dr. Helmut Bernhard, Dr. Claudia Braun, Dr. Klaus Eichner, Dr. Peter Fasold, Bernard Haegel, Horst Hain, Prof. Dr. Frieder Hepp, Ilona Hoffmann, Dr. Elisabeth Huwer, Hartmut Kaiser, Dr. Martin Kemkes, René Kill, Günter Kircher, Dr. Georg Kokkotidis, Dr. Richard Petrovszky, Dr. Hermann Pflug, Luisa Reiblich, Prof. Dr. Ralph Röber, Claudia Sachße, Dr. Werner Schäfke, Dr. Rüdiger Schulz, Dr. Guntram Schwitalla, Martin Spies, Brigitte Stahl, Dr. Karin Tebbe, Prof. Dr. Annette Weber, Bürgermeister Rainer Ziegler.

Für die Bereitstellung von Bildern und Erlaubnis und Hilfe bei den Abbildungen danken wir den Leihgebern und dem Institut für Realienkunde des Mittelalters und der Frühen Neuzeit, Österreichische Akademie der Wissenschaften, Krems an der Donau, Frau Dr. Elisabeth Vavra und Herrn Peter Böttcher.

Die Seminarteilnehmer und Autoren der Ausstellungstexte und auch dieses Heftes, Sally Apeikis, Daniel Langhauser, Nadja Melko, Laura Stein, Seda Yenentürk, Olaf Wagener, Katharina Sahm, Dr. Ute Uebel und auch ich selbst danken all denen, die durch ihren Einsatz das Zustandekommen des Projektes und die Realisierung der Ausstellung erst ermöglicht haben: Dr. Uwe Gross für Mitwirkung im Seminar, der Mitautorin Nadja Melko für das Layout der Ausstellungstafeln, die Hubert Vögele dann herstellte, und Yasemin Leylek für das Layout des Begleitheftes. Vor allem aber haben wir dem Team des Universitätsmuseums, Charlotte Lagemann, Lena Sommer und Prof. Dr. Matthias Untermann, für die langfristige und intensive Ausstellungsarbeit, für die Organisation der Ausleihen und die Arbeit an diesem Begleitheft ganz herzlich zu danken.

Reinhard Stupperich

Feuer & Brennstoff

Am Anfang war das Feuer – erst seine Beherrschung machte das Licht für den Menschen verfügbar. In Südafrika ist das Lagerfeuer schon vor Millionen Jahren nachgewiesen worden. Vor einer halben Million Jahren saß der Homo erectus auch in Europa am Feuer. Schon damals konnte man mit dem Holzbohrer Feuer entzünden. Als Brennmaterial nutzte man Holz und was sonst die Natur bot. Aber irgendwann fand man heraus, daß bestimmte Materialien länger und heller brannten. Damit begann die Trennung der Feuernutzung für das Kochen bzw. Braten, das Heizen und für die Beleuchtung. Aber auch wenn neue, intensiver brennende Lichtquellen gefunden waren, hat man die alten Brennstoffe jeweils noch lange nebeneinander weiter genutzt.

Feuerzeuge

Für das Feuermachen gab es verschiedene Methoden: Leicht entflammbares Material wie den *Zunderschwamm*, einen Baumpilz, entzündet man durch Feuerbohren oder Feuerschlagen. Ein harter *Holzbohrer* im weichen Holzbrett zwischen den Händen gezwirbelt oder mit einem gespannten Bogen gedreht ruft Glimmen hervor. Ein *Feuerstein*, ein Schwefelkies oder, seit der Spätantike, ein geschmiedeter *Feuerstahl*, an einen Feuerstein geschlagen, erzeugen Funken. Dadurch kann ein Zunderschwamm vorsichtig zum Glühen gebracht werden. Mit glimmendem Zunderschwamm entflammte man in Europa spätestens

Feuerstahl, Mittelalter

seit dem Mittelalter in Schwefel getränkte Kiefernstöckchen. Durch Tränken von Zunder oder Lunte mit Schwefel und Vervielfachung des Funkenschlags durch ein gedrehtes Zahnrädchen entstand in der Barockzeit das in der Tasche tragbare *Luntenfeuerzeug*. Da-

Döbereiner Feuerzeug. Heidelberg, Apotheken-museum

neben benutzte man auch *Brenngläser*. Das 1780 von Fürstenberger in Basel erfundene *elektrische Feuerzeug*, bei dem Wasserstoff durch einen elektrischen Funken gezündet wurde, entwickelte 1823 der Jenenser Chemiker Johann Wolfgang Döbereiner weiter. Dabei läßt man durch Öffnen eines Ventils Schwefelsäure in einer Glasglocke mit Zink zu Wasserstoff reagieren, der dann durch einen Platinschwamm entweicht und mit Sauerstoff reagiert und sich entzündet („Knallgas"). 1826 entdeckte der Apotheker John Walker in London, dass sich mit einer Mischung von Antimonsulfid und Kaliumchlorat versehene *Zündhölzer* durch Reiben selbst entzünden; das Rezept wurde in den folgenden Jahren durch Änderung der Bestandteile laufend verbessert.

Brennstoffe

Kienspan: Seit dem Altertum wurde Kiefernholz, in Scheite und Späne zerkleinert, genutzt. Wegen des Harzgehalts gibt es schnellen Brand, aber wenig Leuchtkraft. Halter der Kienspäne sind aus Holz und meist aus Eisen, ein Reflektor aus Messing kann das Licht verstärken.

Talg: Die ersten Lampen wurden vermutlich mit Tierfett gefüllt. Eine Weiterentwicklung stellen Binsenlichter dar, die Binsen findet man überall. Schält man ihre äußerst harte Hülle teilweise ab, entstehen gut saugende Dochte. Wird der Docht in heißes Tierfett getaucht, brennt er wie eine Art Kerze, ein 40 cm langes Binsenlicht etwa eine halbe Stunde. Das Licht qualmt, aber es ist fast kostenlos.

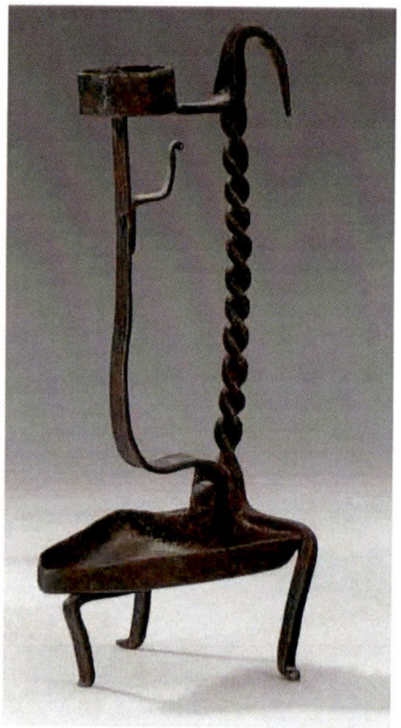

Kienspanhalter, frühe Neuzeit

Wachs: Die Römer kannten Kerzen aus Bienenwachs – und auch Wachsfackeln – seit dem 4. Jahrhundert v. Chr. Seit dem Mittelalter stieg der Kerzenverbrauch stark durch den Bedarf der Kirche. Der Kerzendocht wurde mehrfach in flüssiges Wachs getaucht, dann zum Trocknen aufgehängt. Alternativ wird der Docht eingebunden oder mit flüssigem Wachs übergossen. Der richtige Grad der Aushärtung ist wichtig, denn zu trocken sind die Kerzen spröde, zu feucht sprühen sie Funken. An die Stelle von Bienenwachs traten seit dem früheren 19. Jahrhundert das billigere *Stearin* aus Palmöl und später das *Paraffin* aus Mineralöl.

Wachsstock, Lichtermuseum Wettersdorf

Öl: Zu Römerzeiten wurde Olivenöl für die Öllampen importiert. Mit dem 2. Jahrhundert stieg man mehr und mehr auf Öl aus regionalen Sämereien um (*Rüböl*), in den Küstenregionen überwog *Fischtran*. Mitte des 19. Jahrhunderts begann die Gewinnung des dünnflüssigeren Mineralöls, des Petroleums.

Gas: Aus Steinkohle erzeugtes Gas brannte ohne Docht. Es roch zwar; deshalb nutzte man es im frühen 19. Jahrhundert vor allem für Straßenbeleuchtung. Für den Innenraum wurde Gas in Metallbehälter gepresst ins Haus gebracht, bis Leitungen gebaut waren.

Ölmühlen der Pfalz

Anstelle des importierten Olivenöls mußten die Samen in der Region angebauter Pflanzenleindotter, Leinsamen und Mohn dann auch Raps, Rüben, Senfsaat und Sonnenblumenkerne und sogar Bucheckern zu

Ölmühle in Springiersbach, 1856 (Neubau)

Öl gemahlen werden, zuerst durch Ölpressen zwischen zwei Steinen mit Rinne zum Auslaufen. Zum Ausquetschen hatte man „torcula", hölzerne Schraubengewinde. Die Bauern im Mittelalter hatten ihre eigene Hausmüllerei. Ein mittlerer Hof verbrauchte im Jahr etwa 200 Liter Rüböl als Speisefett und für die „Laterna". Zur Beleuchtung einer Kirche mit drei Lichtern brauchte man z.B. 52 Pfund Öl. In der Nord- und Westpfalz gab es im 18. Jahrhundert etwa 67 handwerkliche Mühlen, die der Müller in der Regel vom Grundherrn pachtete. Aber seit Anfang des 20. Jahrhunderts starben die Mühlen wegen der Konkurrenz durch billigere Importe und neuere Technik aus, 1954 gab der letzte „Oleier" (pfälzisch für Ölmüller) auf.

Brennstoffe römischer Lampen

Leider wissen wir über die Brennstoffe und Brennarten sehr wenig. Olivenöl, Rizinusöl, Rüböl und Leinöl werden von A. Neuburger aufgezählt. Bei einer chemischen Analyse des Archäochemischen Labors der Uni Tübingen durch R. C. A. Rottländer, wurden bei 20 Lampen folgende Öle nachgewiesen:

Hasel- oder Olivenöl	5mal
Mohnöl	5mal
Walnussöl	3mal
Talg	3mal
Bucheckeröl	2mal
Lein-/Leindotteröl	1mal
Präparation aus Talg und Walnuss	1mal

Brennmaterialien

Trockende Öle

Botanischer Name	**Gewicht in Pfund**	**Ertrag in Pfund**	**Ertrag in Prozent**	**Farbe, Geschmack, Eintrocknung, Geruch**
Mohnöl (*Papaver*)	156–169	65–69	33–40	Blaugelb, angenehmer Geruch, trocknet leicht
Walnusskernöl (*Juglans regia*)	130–139	67	50	Frisch, hellgrün, wird schnell hellgelb, geruchlos, mild, trocknet leicht
Leinöl (*Linnum usitatissimum*)	185–196	41–46	22	Goldgelb, eigentümlicher Geruch und Geschmack, trocknet leicht
Leindotteröl (*Myagrum sativum*)	154	47–50	38	Hellgelb, fast geruch- und geschmacklos, trocknet leicht
Tabaksamenöl (*Nicotiana Tabacum*)	130	44	32–36	Gelblich ins Grünliche, geruchlos und mild, trocknet leicht
Sonnenblumenkernöl (*Helianthus annuus*)	143–152	22–26	15	Hellgelb, riecht angenehm, trocknet langsam

Nicht trockende Öle

Botanischer Name	**Gewicht in Pfund**	**Ertrag in Pfund**	**Ertrag in Prozent**	**Farbe, Geschmack, Eintrocknung, Geruch**
Bucheckeröl (*Fagus silvatica*)	–	–	15–17	Hellgelb, klar, geruchlos, milder Geschmack
Rapsöl (*Brassica campestris oleifera*)	163–174	65–69	39–40	Frisch, bräunlichgelb, fast geschmack- und geruchlos
Winterrübenöl (*Brassica napus oleifera*)	1636	54–61	33	Bräunlichgelb, sonst gleich dem Rapsöl
Sommerrübenöl (*Brassica praecox*)	–	48–52	30	Bräunlichgelb, etwas dunkler als das Winterrübenöl

Formen der Tonlampen

Die meisten römischen Tonlampen haben einen klaren und einfachen Aufbau. Sie besteht aus einer oberen und einer unteren Hälfte, die vor dem Brennen über eine Streichnaht miteinander verbunden wurden.
An der Oberseite befindet sich meist ein Einfüllloch für das Öl und ein Dochtloch an der sog. Schnauze. Beide Löcher sind durch eine „Rinne" miteinander verbunden.

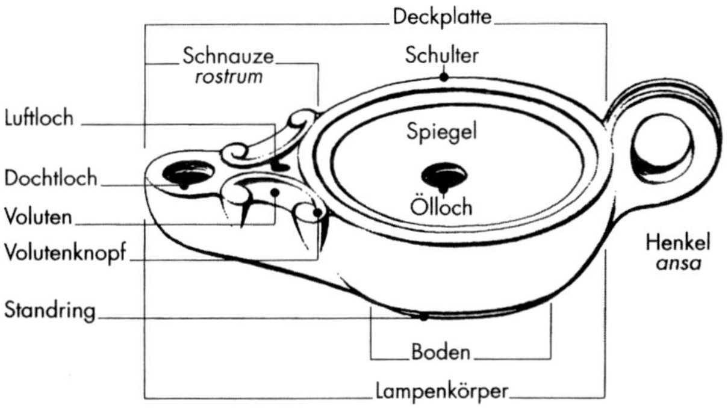

Bildlampe des 1. Jhs. n. Chr.

Formenspektrum

Die Formenmöglichkeiten römischer Beleuchtungsgeräte vom 1. bis zum 5. Jahrhundert n. Chr. sind sehr zahlreich. Man kann sie aber grob in 3 Gruppen gliedern:

Doppelschnäuzige Tonlampe

Bildlampen
Sie haben eine eingesenkte Deckplatte, einen Spiegel, der mit einer figürlichen oder ornamentalen Darstellung geschmückt ist. Diese Lampenform ist auch in unserem Gebiet sehr beliebt gewesen und deshalb weit verbreitet. Ihre Hochphase endet ca. 70 n. Chr.

Firmalampen
Diese Lampen kommen im letzten Viertel des 1. Jahrhunderts auf. Sie haben eine einfachere Form und einen schmucklosen oder mit einer Maske verzierten Spiegel. Auf der Bodenplatte zeigt sich der Stempel des Herstellers. Sie sind in den römischen Provinzen, auch in unserem Raum, im 2. und 3. Jahrhundert sehr zahlreich hergestellt worden.

Formen der Tonlampen

Sog. nordafrikanische Lampen
Hierbei handelt es sich um eher birnenförmige Lampen, deren flacher Spiegel mit einem einfachen Motiv ausgefüllt sein kann. Sie waren besonders gegen Ende des 3. Jahrhunderts beliebt und wurden in den Provinzen nachgeahmt.

Bildlampe, 1. Jh. n. Chr., Mann mit Kanne, Mannheim, Reiss-Engelhorn-Museen, ehemals Antiquarium

Sog. nordafrikanische Lampe mit Pferdedarstellung, 3. Jh., Mannheim, Reiss-Engelhorn-Museen, ehemals Antiquarium

Herstellung von Tonlampen

Adam Winter (1904–1978) bei der Arbeit an einer Terra Sigillata-Schüssel

Adam Winter, ein Bildhauer und Töpfer im Hunsrück, beschäftigte sich über 33 Jahre experimentell mit verschiedensten Fragestellungen zur antiken Keramik, zum Teil in Zusammenarbeit mit Prof. Roland Hampe vom Archäologischen Institut der Universität Heidelberg. Dabei klärte er den Herstellungsprozess der Tonlampen aus Matrizen, welche eine massenhafte Produktion ermöglichten.

Tonvorkommen und Aufbereitung

Töpferton kommt sehr häufig natürlich vor. Jeder Ton zeichnet sich allerdings durch eine jeweils etwas abweichende chemische Zusammensetzung aus und besitzt dadurch eine Art ortsspezifischen Fingerabdruck. Aus diesem Grund kann die Herkunft der verschiedenen Tone anhand ihrer Mineralstoffzusammensetzung bestimmt werden. Ton ist nach seiner Gewinnung oft nicht gleich verarbeitungsfertig und muss durch Schlämmen und Sieben von Verunreinigungen befreit werden. Je nach Gebrauch muss ein „fetter" Ton gemagert, das heißt, mit organischem Material gestreckt werden, um seine Reißfestigkeit zu reduzieren. Dazu benutzt man z.B.

Reproduktion einer römischen Tonlampe mit Hilfe von Tonmodeln

Herstellung von Tonlampen

Sand, Stroh, Mist, Haar oder Häcksel. Das folgende Schlagen des Tons mischt alle Bestandteile und verdichtet ihn.

Formgebung
Zur Herstellung einer Firmalampe musste zuerst eine Patrize geformt werden, die nur die äußere Form bestimmt und noch nicht hohl oder funktionsfähig sein musste. Um die gebrannte Patrize wurde zu römischer Zeit eine dicke Tonhülle gelegt – gelegentlich nutzte man aber auch schon wie in der Neuzeit Gips –, der den Lampenhälften schneller das Wasser entzieht. Die aufgeschnittene gebrannte Hülle fungierte wie eine Formschüssel: frischer Ton wurde hineingedrückt und nach kurzer Zeit lederhart entnommen, um zusammengesetzt zu werden.
Danach folgten „Extras", wie Henkel und Stempelornamente. Zusätzlich trägt jedes Stück den Firmenstempel der jeweiligen Töpferwerkstatt.
Ein Überzug aus Firnis (feinster Schlicker, d.h. mit viel Wasser vermengter Ton) konnte die Lampe veredeln und tropfdichter machen.

Brand
Um effektiv zu brennen, wurden die Lampen nach ihrer vollständigen Durchtrocknung (viele Tonarten mit physikalischer Restfeuchte können im Ofen explodieren und so den gesamten Brand vernichten) dicht in den Ofen gestapelt. Bei ca. 700 C° verhindert der sog. Kristallsprung jede Wiederauflösung durch Wasser.

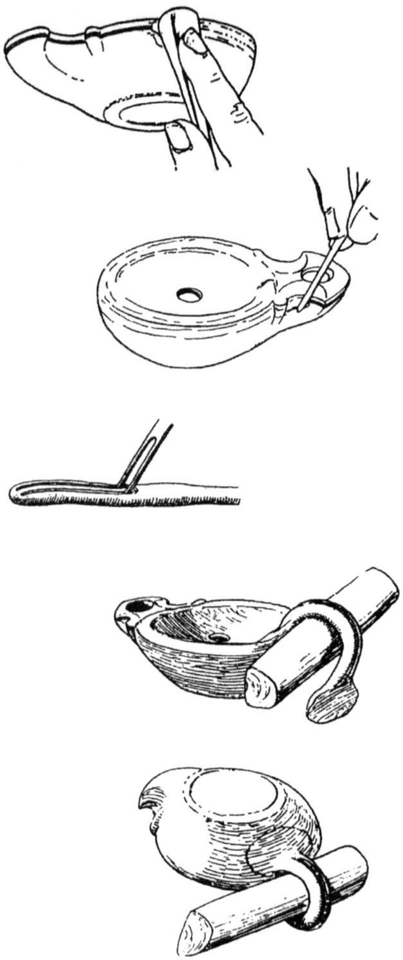

Oberflächenbehandlung und Henkelansetzung bei einer römischen Tonlampe

Herstellung von Tonlampen

Schema einer Ofenfüllung mit Lampen

Behandlung der Oberfläche

Adam Winter untersuchte die Fertigung römischer Firmalampen und den Gebrauch von Modeln, durch die die Lampen zur Massenware wurden. So stellte er Versuche an über das Material der Model, die meist auch aus Ton waren und nicht – wie noch heute üblich – aus Gips. Er erwähnte auch, dass bei einer unglasierten Tonlampe das Öl „kriecht", d.h. durch die Poren des Tons nach außen dringt: sie „schwitzt". Er vermutete, dass man in der Antike ein organisches Material verwendete, das heute nicht mehr nachweisbar wäre. In einer Testreihe verwendete N. Melko vier gleiche Tonschalen aus unglasiertem Material: Ein Referenzstück ohne jegliche Behandlung, ein poliertes Stück (Löffelpolitur im lederharten Zustand), ein Stück mit einem Überzug aus sehr feinem Tonschlicker und ein Stück, das mit Milch behandelt wurde.

Das Befüllen mit Olivenöl ergab ein klares Ergebnis: Die Schale ohne Behandlung, das polierte Stück und das mit Schlicker überzogene ließen das Öl schnell diffundieren, während die Schale mit der getrockneten Milch schnell interessante Eigenschaften aufwies: Sie zog aus der Milch nur das Wasser in den Ton ein, die Eiweißpartikel schlossen sich direkt auf der Tonoberfläche zu einer schimmernden Haut zusammen. Nach der völligen Durchtrocknung behielt dieser Überzug seinen Glanz und ließ keinerlei Öl durchtreten. Dies wäre also eine einfache, aber effektive Möglichkeit, römische Tonlampen gegen Ölfluss abzudichten.

Lampenmodel in Fußform, Mannheim, Reiss-Engelhorn-Museen

Die Lampen der einfachen Leute

In den Häusern der ärmeren Bevölkerung waren vor allem schlichte Beleuchtungsmittel in Gebrauch. Zur Lichterzeugung wurden billige Kienspäne oder Talglampen verwendet. Hierbei handelte es sich meist um schlichte Tonschälchen mit einer Einkerbung, in der das Ende des Dochtes abgelegt wurde. Diese Lampenschälchen behielten von der Vorgeschichte bis in das Mittelalter hinein ihre Form fast unverändert bei.
Bei der Bevorzugung dieser einfachen Schälchen durch die ärmeren Schichten ging es wohl nicht nur um die geringeren Kosten der Lampe. Vor allem die niedrigen Beschaffungskosten für das Brennmaterial waren wohl ausschlaggebend. Talg qualmte und stank zwar, war aber bei weitem kostengünstiger als Öl.

Schälchenlampe des 15./16. Jahrhunderts aus Frankfurt am Main, Archäologisches Museum Frankfurt

Auch nach Einführung der Öllampen durch die Römer wurden von der einfachen Bevölkerung unserer Region kaum Bild- oder Firmalampen verwendet, da die geschlossenen Behälter nur mit kostspieligen Ölen gespeist werden konnten.
Gelegentlich wurden Tonlampen auch zu Talglampen ‚umfunktioniert', indem der Spiegel sorgfältig herausgebrochen wurde.

Firmalampen – *die* Massenware der Antike

Der im 2. Jahrhundert n. Chr. in dieser Region vorherrschende Lampentyp ist die als billige Massenware produzierte Firmalampe. Sie entstand im frühen letzten Viertel des 1. Jahrhunderts n. Chr. und hatte eine Hauptnutzungszeit bis in das 3. Jahrhundert n. Chr.
Firmalampen waren meist schmucklose Öllampen aus Ton, die gelegentlich auch relativ schlicht mit einer Theatermaske verziert waren und wohl Imitate von Metalllampen darstellten.

Ihre Bezeichnung als Firmalampe verdanken sie dem am Lampenboden angebrachten Stempel des Herstellers, der als Firmenname gedeutet wurde. Einige Herstellernamen, wie beispielsweise Firmus, sind sehr häufig belegt. Bei einigen Exemplaren deutet der unterschiedliche Ton auf Ableger der Werkstätten eines Herstellers oder auf eine Kopie eines erfolgreichen Produktes durch einen Konkurrenzbetrieb hin.

Die ersten Importe kamen aus Produktionsstätten in Italien. Jedoch ermöglichte der einfache Herstellungsprozess schon bald die Produktion dieses Lampentypus auch in den einheimischen Töpfereien unserer Gegend. Die Töpfer ver-

Die Lampen der einfachen Leute

Firmalampe mit ausgebrochenem Spiegel, Mannheim, Reiss-Engelhorn-Museen, ehemals Antiquarium

Firmalampe, Unterseite mit Stempel FORTIS, Mannheim, Reiss-Engelhorn-Museen, ehemals Antiquarium

vielfältigten die Produkte qualitätvoller Lampenhersteller, indem sie deren Erzeugnisse vielfach abformten. Der häufige Gebrauch führte zu starker Abnutzung der Matrizen, so daß die Konturen der Lampen und der Dekor oft sehr unscharf wirken. Kenntnisse über den Hersteller dieser Kopien fehlen meist, da mit der Form zusammen auch der Stempel übernommen wurde. Diese Uniformität erschwert somit auch die Bestimmung der Herstellungsorte.

Eine wichtige Voraussetzung für die massenhafte Produktion und Verbreitung der Firmalampen waren günstige Verkehrsanbindungen und ausreichende Tonvorkommen.

In letzter Zeit lassen sich Töpfereien zunehmend durch petrochemische Tonanalysen lokalisieren.

Lampen als Prestigeobjekte

Künstliches Licht sowie die dazu gehörigen Gerätschaften galten in weiten Teilen der Bevölkerung bis ins 20. Jahrhundert geradezu als Luxusgut. Aber vor allem durch eine einzigartige Ausgestaltung und die Verwendung von wertvollen Materialien wie reinem Kupfer, Bronze, Silber, Gold oder Schmiedeeisen erhielten sie ihre Bedeutung als Repräsentationsobjekte, die sowohl für den Besitzer als auch für den Nutzer den sozialen Status dokumentierten. Dabei wurden diese Stücke vielfach mit Ornamenten, Einlegearbeiten und figürlichen Motiven in verschiedenen Techniken verziert.

Unter den römischen Ton- und Metalllampen gab es auch Figurenlampen, mehrschnäuzige Öllampen und Kandelaber von repräsentativem Charakter. Tönerne Figurenlampen wurden nach Vorbild der Metalllampen besonders gern zu sogenannten Statuettenlampen, Fußlampen oder Kapuzenmännchen ausgestaltet. Nicht ganz so repräsentativ waren bronzene Öllampen mit Aufsatz oder Griffattasche in Form einer Mondsichel (Lunula) oder eines Tierkopfes.

Nach Abzug der römischen Besatzung aus dem rechtsrheinischen Germanien in der 2. Hälfte des 3. Jahrhunderts n. Chr. kamen Öllampen in diesem Gebiet nicht mehr vor, zumal Öl kostspielig importiert werden musste, während das weiterhin römische linksrheinische Germanien weiterhin Öllampen verwendete.

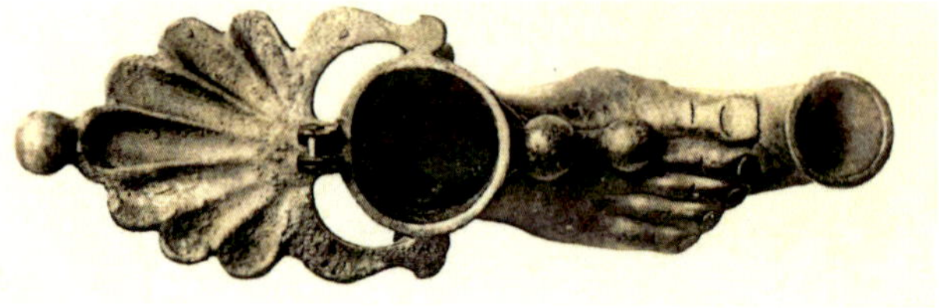

Bronzelampe in Fußform aus Vindonissa

Diatretglas-Lampe, 300 n. Chr., Corning

Öllampen bestanden seit dem 4. Jahrhundert n. Chr. auch aus aufwendig verziertem Glas, jedoch besaßen sie keine spezifische Form, sodass sie gelegentlich für Trinkgefäße gehalten werden konnten. Sie wurden überwiegend in den Kirchen oder im Grabkult gebraucht.

Auch Kerzenständer in unterschiedlicher Form sind seit der römischen Kaiserzeit ein Zeichen von Wohlstand. Dies trifft besonders auf das Mittelalter zu, da Wachskerzen sehr kostspielig waren und häufig an die Kirche gestiftet wurden. So finden sich die schönsten Leuchter dieser Zeit meist in Kirchen und gelegentlich auch auf Burgen.

Lampen als Prestigeobjekte

Glaslampe aus Heidelberg, Kornmarkt, Kurpfälzisches Museum

Neben Kerzenhaltern und Kandelabern gibt es seit spätantiker Zeit auch Leuchter verschiedenster Form. Dem Zeitgeschmack und der Funktion entsprechend waren sie auch unterschiedlich ausgestaltet durch besonders wertvolle Materialien und viel Zierrat hervorgehoben.

Seit dieser Zeit sind neben den Figurenleuchtern, besonders die Hängeleuchter ein beliebtes Medium der Repräsentation. Die frühen Exemplare waren einfache Radleuchter und Reifenkronen, sie trugen zum Teil schon in frühen Kirchen Glasöllampen und bestanden aus Holz, Metall, Horn und Keramik. Ihren repräsentativen Höhepunkt fanden die Hängeleuchter seit dem 17. Jahrhundert mit der Kristalllüsterproduktion.
Somit zeugen Kerzenleuchter und Öllampen von außerordentlichem Wohlstand, besonders jene aus Metall und Glas, sowie jene mit besonders großem Fassungsvermögen wie Ringleuchter und Kronleuchter, welche zu den Hängeleuchtern gehören.

Mit dem Aufstieg des Bürgertums konnten sich seit dem 16. Jahrhundert vermehrt auch nichtkirchliche und nichtadlige Personen Wachskerzen leisten, was im Laufe der Zeit zu einer regen Produktion von Stand-, Wand- und Hängeleuchtern in allen erdenklichen Formen führte. Die Hängeleuchter wurden nun gern in Form eines Geweihs gestaltet und soweit veredelt, dass sich im 17. Jahrhundert die Form

Leuchterfuß von der Burg Eberbach, um 1200, Museum der Stadt Eberbach

des Kristalllüsters ausbildete. Zeitgleich war man in der Lage lokales Rüböl zu gewinnen, was der Öllampenproduktion einen Aufschwung verlieh. Dabei dienten die Lampen durch Verzierungen aus Edelmetall und exotischen Materialien auch weiterhin der Repräsentation.

Die Weiterentwicklungen in der Beleuchtungstechnik seit dem 18. Jahrhundert hinderten die Lampenproduzenten nicht daran, auch die Argand-, Petroleum-, Gas- und Elektrolampen durch edles Material, künstlerische Verzierung und auffällige Formgebung zu Repräsentationsgegenständen zu machen.

Eberhard von Sax, Manesse-Handschrift. Heidelberg, Universitätsbibliothek

Licht und Lampen im Kult

Wie im jüdischen und christlichen Glauben spielten Licht und Lampe auch in der Religion der frühen mittelmeerischen Kulturen eine wichtige Rolle.

Im jüdischen und auch im christlichen Glauben besitzt das Licht als Symbol der Reinheit eine große Bedeutung. In der Schöpfungsgeschichte schafft Gott am ersten Tag das Licht und bewertet es als „gut", in Abgrenzung zur Finsternis (Genesis 1). Die Lampe tritt auch in den Psalmen als Symbol Gottes auf (Psalm 18, 29) und knüpft an dieselbe Assoziation an wie an das Licht. Der große siebenarmige Leuchter im Tempel in Jerusalem, den die römischen Soldaten auf dem Titus-Bogen nach der Eroberung von Jerusalem im Triumphzug des Titus durch Rom tragen, bekam für das Judentum symbolische Bedeutung. Im jüdischen Kult war der Leuchter sehr auffällig und wurde an

Bronzener Fingerring aus Kaiseraugst, 4. Jh. n. Chr. Augst, Römerhaus-Museum

Altäre mit Durchbrüchen für die rückwärtige Beleuchtung von Sol und Luna, Mithräum Mundelsheim

jedem Sabbatabend angezündet. An Chanukka, dem Fest der Wiedereinweihung des Tempels, wird an jedem der acht Tage des Festes ein neues Licht am Chanukka-Leuchter angezündet. Einer Überlieferung zufolge hatte man nämlich nach der Entweihung des Tempels nur noch einen kleinen Ölkrug zur Verfügung, der aber für den Tempelleuchter acht Tage lang ausgereicht habe.

Der altgriechische Kult kannte nur die Fackel, die etwa für die Mysterien der Demeter kennzeichnend war. Im klassischen Griechenland sind Öllampen zwar als Weihgeschenke bezeugt, in den Riten hielt man aber an der Fackel fest. Erst gegen Ende der hellenistischen Zeit erscheint die Lampe auch als Kultgerät, vor allem in fremden und neuen Kulten, so auch im Kaiserkult. Auch scheint die Lampe schon in dieser Zeit im Totenkult ganz allgemein

Comburg, romanischer Radleuchter, um 1130

gebräuchlich gewesen zu sein. Dementsprechend werden in der römischen Kaiserzeit auch im Totenkult häufig Lampen mit ins Grab gegeben. In Obergermanien belegt das sehr gut die Gräberstraße von Heidelberg-Neuenheim.
Kostbare spätantike Bronzelampen in Taubenform sind vermutlich schon Belege für das Christentum. Die große Bedeutung des Lichtes in der Kirche bezeugen archäologische Funde; die Konzilsbeschlüsse von Braga aus dem 6. Jahrhundert zeigen, dass vor der Gründung einer Kirche der Unterhalt ihrer Beleuchtung durch ein Drittel der Einkünfte finanziell abgesichert sein musste. Viele Schriftquellen bezeugen private Stiftungen für das Licht in der Kirche, z.B. für den Unterhalt des ewigen Lichtes, das spätestens seit Ende des 13. Jahrhunderts vor dem Tabernakel zu brennen hatte.

Neben dem Kruzifix sind seit dem 11. Jahrhundert Leuchter als Grundausstattung des Altars nachgewiesen. Zudem wurde der Kirchenraum oft mit Leuchtern erhellt. Lichter wurden häufig auch in der Liturgie verwendet. Bereits im 10. Jahrhundert ist die Sitte nachgewiesen, dass die Gläubigen an Mariä Lichtmess Kerzen in die Kirche mitnahmen und dort weihen ließen.

Siebenarmiger Leuchter der Äbtissin Mathilde im Münster von Essen, Bronze, Höhe 2,26 m, um 1000

Licht und Lampen im Kult

Der spätantike Brauch, Lampen vor den Gräbern und Reliquien – und dann auch vor den Bildern – der Heiligen aufzustellen, hat sich während des Mittelalters erhalten, ebenso aber auch die Verwendung von Lichtern zum regelmäßigen Totengedenken am Grab. Erst in der Zeit der technisch ausgefeilten Öl- und der ersten Gaslampen um 1800 trat die altertümliche Kerze, meist in Kombination mit Tannengrün, wohl wegen der emotionalen Wirkung, einen verspäteten Siegeszug im häuslichen religiösen Bereich an Advent und Weihnachten an.

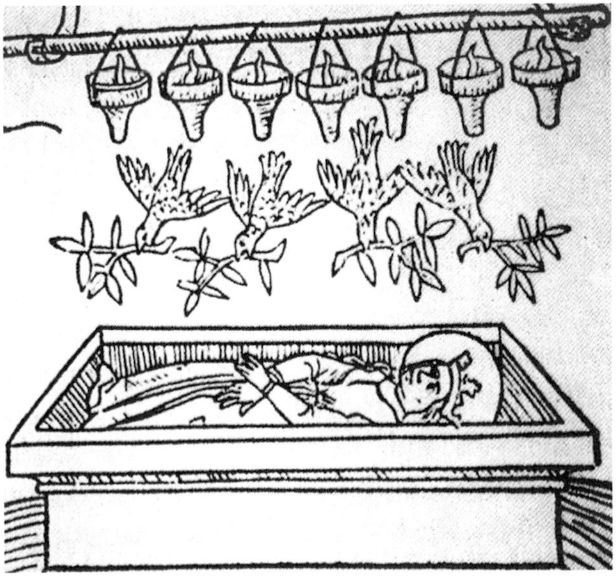

Gläserne Öllampen über dem Grab der heiligen Katharina, Holzschnitt

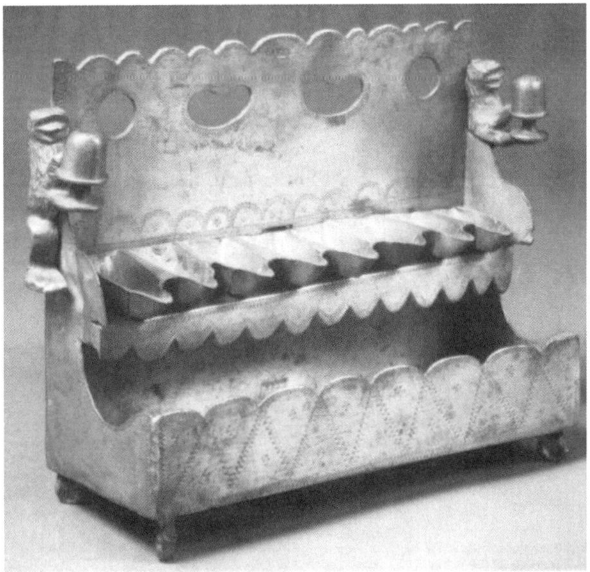

Chanukka-Leuchter, J. P. Henschel, Frankfurt am Main um 1773, Köln, Stadtmuseum

Bildliche Darstellungen

Lampen tauchen schon in der Antike auf bildlichen Darstellungen auf, sei es als Detail eines Gemäldes, als Gegenstand des alltäglichen Lebens also, oder um die Dunkelheit zu verdeutlichen, die ein künstliches Licht für die Orientierung erforderlich macht oder als repräsentatives Schauobjekt.

Menora auf dem Titus-Bogen, Rom

Eine der vielleicht bekanntesten antiken Darstellungen einer Lampe ist jene des Titus-Bogens in Rom, auf welchem noch im 1. Jahrhundert n. Chr. der Triumphzug nach der Eroberung Jerusalems im Jahre 70 n. Chr. festgehalten ist. An zentraler Stelle erscheint dort die Menora – der siebenarmige Leuchter aus dem zerstörten Tempel, Kultgerät der Israeliten und hier Sinnbild des römischen Sieges.

Im Codex Manesse (s.o.), der Heidelberger Liederhandschrift aus dem 14. Jahrhundert, findet sich eine Darstellung mit verschiedenen Lampen: Das Bild zum Bruder Eberhard von Sax zeigt zwei Kleriker vor einem Altar mit Marienplastik. Auf dem Altar steht ein schlichter Kerzenleuchter aus Holz oder Ton. Von der Decke darüber hängt an einer Kette ein scheinbar mit Öl gefüllter Glasbehälter herab, in dem sich ein brennender Docht befindet.

V. Carpaccio „Abweisung der englischen Gesandten“, um 1492, Detail

Auf dem um 1492 entstandenen Gemälde „Die Abweisung der englischen Gesandten“ von Vittore Carpaccio ist ein perspektivisch genau dargestellter Innenraum, vermutlich ein Empfangssaal, zu sehen. Von der Holzdecke hängt ein metallener Leuchter herab, vermutlich aus Bronze. Dieser Leuchter läuft in vier Arme mit Schalen an den Enden aus. Eng beieinander sind je vier

V. Carpaccio „Vision des Heiligen Augustin“, Anfang 16. Jahrhundert, Detail

Küsterin bei der Totenmesse, süddeutsche Handschrift, Anfang 15. Jahrhundert, Detail

Prozession, französische Buchillustration, Ende 13. Jahrhundert, Detail

Kerzen zu erkennen. Geschmückt ist der Leuchter zusätzlich durch daran befestigte herabhängende Wappendarstellungen.
Vom selben Maler stammt aus dem ersten Jahrzehnt des 16. Jahrhunderts ein Gemälde der Vision des Heiligen Augustinus. Von beiden Seitenwänden des dargestellten Raumes ragen in Höhe von etwa drei Vierteln der Wand metallene Arme, an ihrer Unterseite flammenartig ausgeformt, die in eine Faust auslaufen. Die Faust wiederum hält jeweils eine kurze Stange mit darauf befestigter Schale mit Kerzenhalterung.

Der Gebrauch von Lampen in sakralem Kontext wird sehr eindrücklich in einer Handschrift aus der Zeit um 1420/30 gezeigt. Diese Illustration zeigt eine Nonne bei der Totenmesse. Mit einem Kienspan entzündet sie eine vom Gewölbe herabhängende Glaslampe, welche anscheinend mit Öl gefüllt ist. Die Lampe kann zu diesem Zweck mit der Schnur, an der sie befestigt ist, herabgelassen werden. Auf dem Altar finden sich neben einer Marienskulptur zwei Kerzen in schlichten, vermutlich hölzernen oder tönernen Kerzenständern.

Ähnliche Kerzenleuchter finden auch bei einer Prozession im Rahmen einer Messfeier Verwendung, wie sie in einer französischen Buchmalerei aus der Zeit vor 1294 dargestellt sind.

Lampen in Schriftquellen

Schon früh tauchen Lampen auch in den schriftlichen Quellen auf, sie sind ein Gegenstand des täglichen Lebens. Lampen sind aber auch ein Objekt möglicher Repräsentation und finden auch im religiösen Umfeld Verwendung.

Der römische Dichter Martial beispielsweise lässt im ersten nachchristlichen Jahrhundert eine Lampe bzw. den Korinthischen Kandelaber (Candelabrum Corinthium) von sich sagen:

Inlustrem cum tota meis conviva flammis / totque geram myxas, una lucerna vocor.
Obwohl ich doch ganze Gelage mit meinen Flammen erhell / und so viele Dochte besitze, heiß ich nur eine als Lampe. (Martial XIV, 41)

Nomen candelae nobis antiqua dederunt / non norat parcos uncta lucerna patres.
Kerzen verliehen mir einst in vergangenen Zeiten den Namen / war doch die fettige Lampe den sparsamen Ahnen noch fremd. (Martial XIV, 43)

Diese beiden Zitate veranschaulichen sowohl den praktischen Wert des künstlichen Lichts, als auch die Tatsache, dass man sich Gedanken um die variantenreiche Ausgestaltung der Lampen machte.

Einen Beleg dafür, dass es sich im Frühmittelalter bei Lampen um Objekte von höchstem repräsentativem Wert handelte, bieten die Fränkischen Reichsannalen in einem Eintrag zum Jahr 807:

Ringförmige vielschnäuzige Tonlampe

Fuerunt praeterea inter praedicta munera candelabra duo ex auricalco mirae magnitudinis et proceritatis. Quae omnia Aquis palatio ad imperatorem delata sunt.
Außerdem befanden sich unter den Geschenken [für den Kaiser] zwei messingene Leuchter von ausgezeichneter Größe und Form. Das alles wurde in dem Palast zu Aachen vor den Kaiser gebracht. (Annales regni Francorum, MGH SSrG 6, S. 123)

Keinesfalls unterschätzt werden darf aber auch die Gefahr, die künstliches Licht, genau wie jedes andere offene Feuer auch, im Mittelalter darstellte. Das zeigt eine Schilderung in den Annalen von Magdeburg zum Jahre 1018 eindrucksvoll:

Lampen in Schriftquellen

In dormitorio namque venerabilium fratrum lucerna quedam ardens maior solito illuxit, et proxima queque occupans, voraci flamma consumpsit, iuxta quiescentibus, proh dolor! sero nimium intelligentibus.
Denn eine Lampe, welche im Schlafgemach der ehrwürdigen Brüder höher als gewöhnlich aufflackerte und alles in der Nähe ergriff, verzehrte es mit gefräßiger Flamme, weil die daneben Ruhenden – o Jammer! es zu spät merkten. (MGH SSrG 16, S. 167)

Vom Löschen des Lichts spricht denn auch die folgende Quelle, die – obwohl Schilderung einer wundersamen Begebenheit – Anhaltspunkte für das Vorhandensein von Löschwasser in der Kirche gibt.

In ecclesia vero Arverna, dum matutinae caelebrarentur vigiliae in quadam festivitate, aves coredallus, quam alaudam vocamus, ingressa, omnia luminaria quae lucebant, alis superpositis in tanta velocitate extinguit, ut putaris, ea in unius hominis manu posita aquae fuisse submersa.
In der Hauptkirche zu Arvern löschte, als an einem Festtage die Frühmette gehalten wurde, eine Lerche, welche hineingeflogen war, alle Kerzen, die da brannten, mit ihren Flügeln mit solcher Schnelligkeit aus, dass man hätte glauben sollen, jemand habe sie alle in der Hand gehabt und in Wasser getaucht. (Gregor von Tours, Fränkische Geschichte, Buch 4, S. 188)

Die genannten Beispiele zeigen, wie schriftliche Quellen verschiedener Natur sowohl hinsichtlich des Stellenwerts als auch der praktischen Verwendung von Lampen in früheren Zeiten zahlreiche Aspekte erhellen und Informationen liefern können.

Die Öllampe in der Neuzeit

Flackern und ständiges Ölnachfüllen und Dochtschneiden stört die Lampenbenutzer seit der Antike. In der römischen Kaiserzeit erfand man den „Schwimmdocht", der sich wie heute noch das „Ewige Licht" in der Katholischen Kirche aus der Ölschicht in einer Schale speist. An der Nachregulierung des Lampendochtes und am automatischen Nachfluß des Öls experimentierten schon hellenistische Ingenieure. An die Erfindungen Herons von Alexandria und Philons von Byzanz konnte erst die Renaissance wieder anschließen. Die Steigerung der Lampenleistung ermöglichte dann auch eine wirksame nächtliche Straßenbeleuchtung.

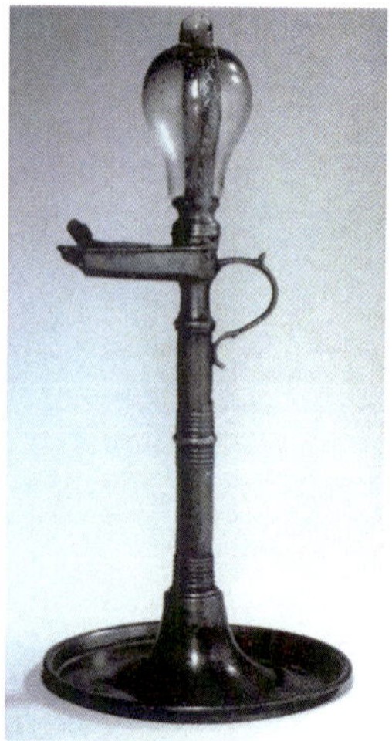

Cardan-Lampe mit Zeitskala, um 1760 (links) und Argand-Lampe, um 1820 (rechts)

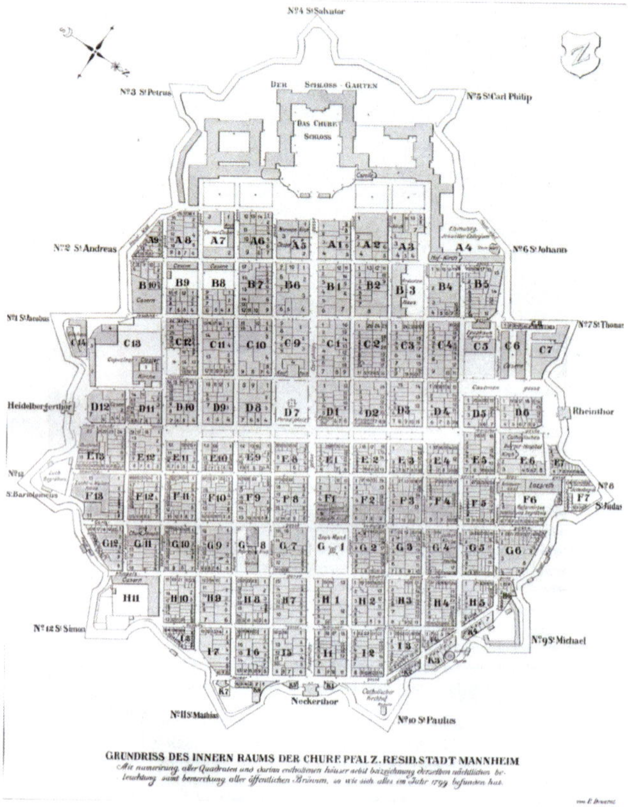

Stadtplan von Mannheim 1799 von Peter Dewarat, mit Einzeichnung aller Straßenlaternen

Im 16. Jahrhundert erfand der Mailänder Arzt Girolamo Cardano, wohl angeregt durch Philons Beschreibung, eine Vorkehrung, durch die der sinkende Ölspiegel in der Dochtrinne jeweils kurz eine Öffnung zum Nachfluß aus einem höherliegenden Ölreservoir freigab. Dann kamen noch Ölhandpumpen hinzu und um 1750 ein Glaszylinder um die Flamme. 1780/84 revolutionierte der Schweizer Aimé Argand (1755–1803) die Öllampe, indem er – entsprechend Lavoisiers Entdeckung, dass Sauerstoff zur Verbrennung nötig ist – die Sauerstoffzufuhr verstärkte und für konstanten Zufluß sorgte. Einen hohlen Docht in einer Glasröhre auf und ab zu drehen, variiert Sauerstoffzufluß und damit Helligkeit.

Schon für die späte Antike ist Straßenbeleuchtung durch aufgehängte Öllaternen belegt. Aber erst mit der frühen Neuzeit begann man in London und Paris, eine Straßenbeleuchtung durch öffentlich versorgte Öllaternen zu organisieren. In Deutschland wurde diese Einrichtung erst im 18. Jahrhundert verbreitet.

In Mannheim wurde die Straßenbeleuchtung offenbar 1778, in Heidelberg erst 1795 eingeführt, in München gab es sie schon länger, das Hof- und Stadtbeleuchtungsamt hatte 1796 schon 40 Mitarbeiter.

Benjamin Thompson, Reformpolitiker und Experimentalphysiker in Mannheim und München, der eine Methode zur Messung der Lichtstärke entwickelt hatte, steigerte die Leistung der Argand-Lampe, indem er mehrere Dochte dicht zueinander setzte, die Ölzufuhr verbesserte und das grelle Licht der Flamme durch einen lichtdurchlässigen Schirm gleichmäßig verteilte.
Gegen die Konkurrenz des noch helleren Gaslichts im frühen 19. Jahrhundert gab die Erschließung

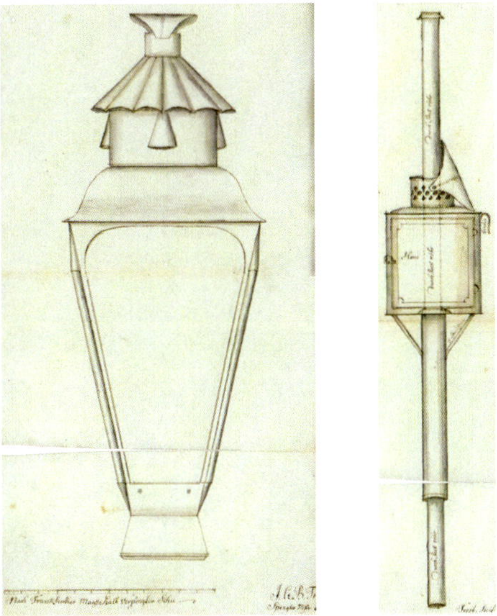

Straßenlampenentwurf für Mannheim 1778 von J.G.B. Trost

Mannheim, Altes Kaufhaus und Breite Straße zum Schloß mit Laternen, Gebrüder Klauer, 1780

Thomas Gainsborough, 1783: Benjamin Thompson (1753–1814), Experimentalphysiker aus Rumford bei Boston, emigrierte als loyaler Offizier nach dem amerikanischen Unabhängigkeitskrieg und machte ab 1784 in München eine Blitzkarriere. Als Armee- und Sozialreformer konnte er in Mannheim eine Reihe erstaunlicher praktischer Erfindungen realisieren, wofür ihn Kurfürst Carl Theodor 1792 als Grafen Rumford adelte. Thompson betrieb Wärmeforschungen in verschiedensten praktisch nutzbaren Bereichen, etwa experimentelle Messung der Wärmeleitfähigkeit von Textilien, um die Uniformen der Soldaten wärmer zu gestalten, er konstruierte und experimentierte mit energiesparenden geschlossenen Herden und Kaminen und weiteren Haushaltsgeräten wie wärmesparenden Kaffeekannen und Bratröhren und klärte durch Experimente grundlegende Fragen der Chemie und Physik, insbesondere lieferte er den Beweis für Lavoisiers Hypothesen zur Wärmedefinition und zur Sauerstoff-Funktion bei der Verbrennung.

des dünnflüssigeren Petroleums dann der Öllampe noch einmal technologischen Auftrieb. Die Bequemlichkeit der Argandlampe wurde etwa durch verschiedene Erfindungen bereichert. Eine davon war in den 1820er Jahren die Moniteur-Lampe, bei der die Dauer des Ölnachschubs verlängert werden konnte.

Aber selbst die einfacheren Leuchter und Laternen wurden jetzt durch verschiedene kleine technische Erfindungen angenehmer und oft auch luxuriöser ausgestaltet.

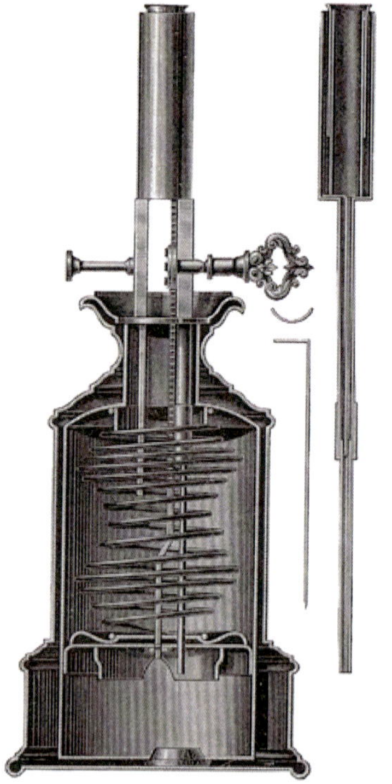

Konstruktion einer Moniteur-Lampe, Stahlstich, 19. Jh.

Kurfürstliches Antiquarium

Lampen in der Akademie im Mannheimer Residenzschloss

Als eines der frühen archäologischen Museen in Deutschland enthielt das Mannheimer Antiquarium bereits im 18. Jahrhundert eine große Anzahl von antiken Lampen. Aufgrund des Vorkommens in Gräbern und in den römischen Katakomben wurden Lampen von den Archäologen der Mannheimer Akademie damals als besonders aussagekräftige Zeugnisse für die antike Kultur gewertet und gesammelt.

Kurfürst Carl Theodor vor Apollo Palatinus-Tempel in Schwetzingen, K. Hoffmeister, um 1770

Die Mannheimer Lampen stammten vor allem aus zwei Quellen: 1703 kaufte der damalige Pfälzer Kurfürst Johann Wilhelm dem Nijmegener Pfarrer Johannes Smetius dessen bedeutende Sammlung von römischen Bodenfunden ab, die viele Lampen aus Nijmegen enthielt. Sein Bruder Carl Philipp brachte die Sammlungen in sein neues Residenzschloß in Mannheim, wo dessen Erbe Carl Theodor damit das Antiquarium seiner 1763 gegründeten Akademie aufbaute.

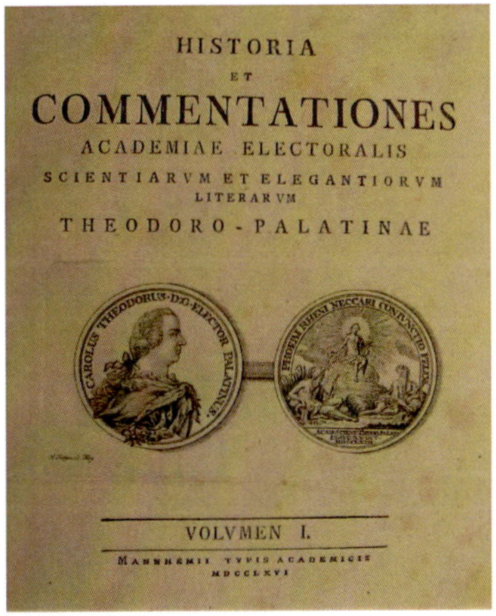

HISTORIA
ET
COMMENTATIONES
ACADEMIAE ELECTORALIS
SCIENTIARVM ET ELEGANTIORVM
LITERARVM
THEODORO-PALATINAE

VOLVMEN I.

MANNHEMII TYPIS ACADEMICIS
MDCCLXVI

Akten der Mannheimer Akademie, Band 1, 1766

Aus Ausgrabungen und Sammeltätigkeit der Akademie in der 2. Hälfte des 18. Jahrhunderts stammt ein weiterer Anteil der alten Sammlung, auch wieder mit einer ganzen Anzahl von Lampen.

Einige griechische Lampen aus Unteritalien wurden wohl zusammen mit römischen von Italienreisen der Akademiemitglieder mitgebracht, die meisten stammen aber sicher aus dem Rheingebiet. Die große Zahl von Lampen des 1. Jahrhunderts deutet auf die Gräberfelder der Militärlager von Nijmegen hin, darunter etwa frühe sog. Vogellampen und Lampen mit Reliefbildern. Die Mehrzahl der Tonlampen sind einfache Firmalampen oder inschriftlose vom gleichen Typ; es gibt auch andere Typen aus der späteren Kaiserzeit, schließlich auch offene Talglampen.

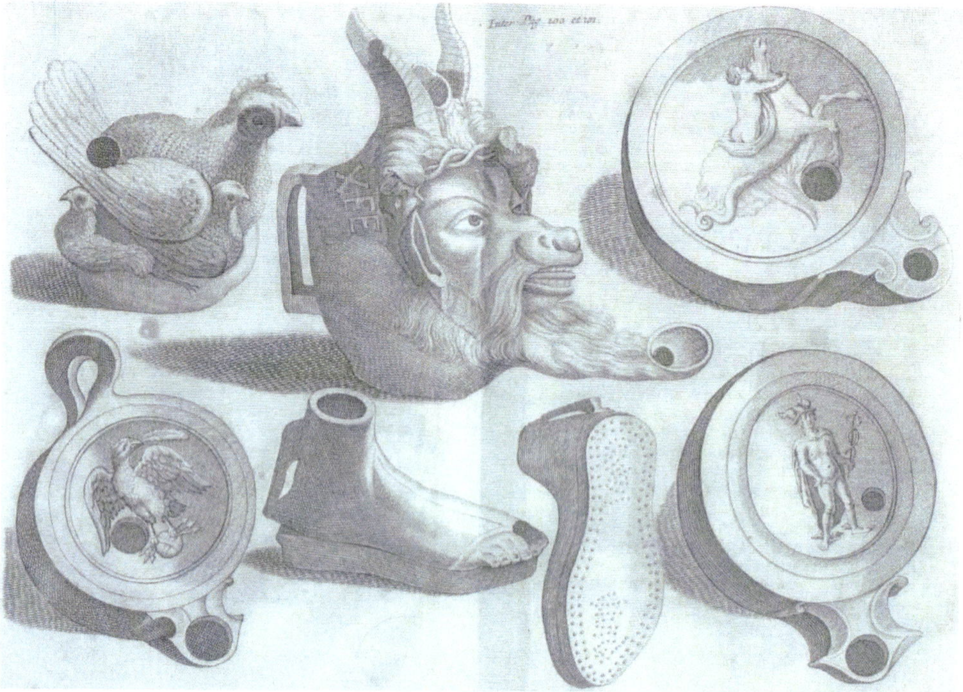

Römische Lampen aus Nijmegen, Stich aus J. Smetius, Antiquitates Noviomagenses 1678 und erhaltene Exemplare aus dem Mannheimer Antiquarium in den Reiss-Engelhorn Museen Mannheim

Neben einigen Bronzelampen ist recht ausgefallen die Bronzestatuette eines Gladiators mit großer Kerzentülle auf dem Kopf, zu der eine Parallele in Walheim am Neckar belegt ist.

Beim Übergang der Kurpfalz an Baden 1802 überließ der Kurfürst die meisten Lampen seiner Sammlung der Stadt Mannheim, wo sie sich heute in den Reiss-Engelhorn-Museen befinden.

FSC
www.fsc.org
MIX
Papier | Fördert gute Waldnutzung
FSC® C083411

Kolibri 360 GmbH
Ferdinand-Jühlke-Straße 7
99095 Erfurt, Deutschland
produktsicherheit@kolibri360.de

Druck:
CPI Druckdienstleistungen GmbH
im Auftrag der
Kolibri 360 GmbH
Ferdinand-Jühlke-Str. 7
99095 Erfurt